¡Saludos, pez payaso!

LOS PECES PAYASO

KATE RIGGS

CREATIVE EDUCATION | CREATIVE PAPERBACKS

¡NO ESTOY BROMEANDO!

Índice

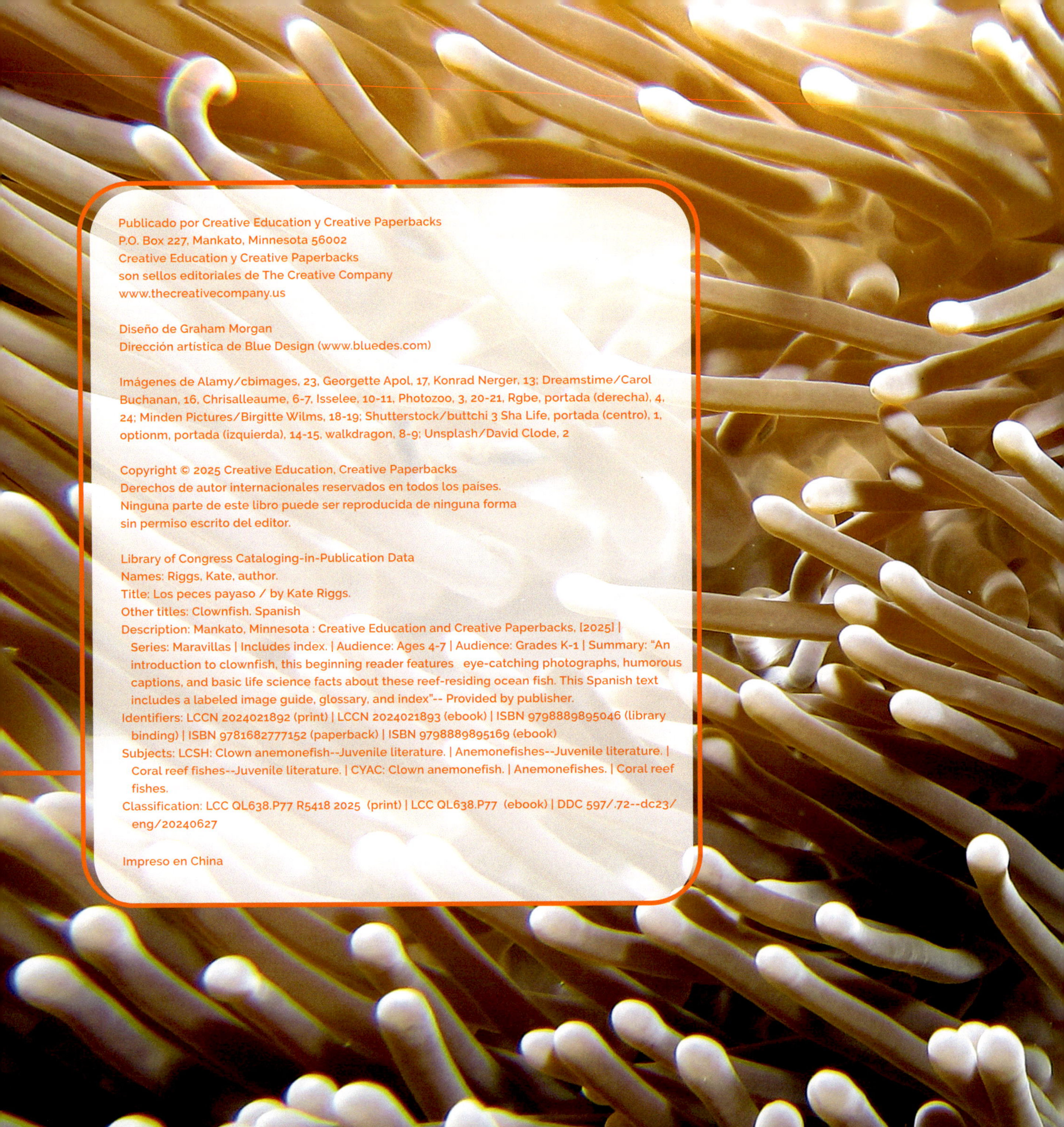

Publicado por Creative Education y Creative Paperbacks
P.O. Box 227, Mankato, Minnesota 56002
Creative Education y Creative Paperbacks
son sellos editoriales de The Creative Company
www.thecreativecompany.us

Diseño de Graham Morgan
Dirección artística de Blue Design (www.bluedes.com)

Imágenes de Alamy/cbimages, 23, Georgette Apol, 17, Konrad Nerger, 13; Dreamstime/Carol Buchanan, 16, Chrisalleaume, 6-7, Isselee, 10-11, Photozoo, 3, 20-21, Rgbe, portada (derecha), 4, 24; Minden Pictures/Birgitte Wilms, 18-19; Shutterstock/buttchi 3 Sha Life, portada (centro), 1, optionm, portada (izquierda), 14-15, walkdragon, 8-9; Unsplash/David Clode, 2

Library of Congress Cataloging-in-Publication Data
Names: Riggs, Kate, author.
Title: Los peces payaso / by Kate Riggs.
Other titles: Clownfish. Spanish
Description: Mankato, Minnesota : Creative Education and Creative Paperbacks, [2025] | Series: Maravillas | Includes index. | Audience: Ages 4-7 | Audience: Grades K-1 | Summary: "An introduction to clownfish, this beginning reader features eye-catching photographs, humorous captions, and basic life science facts about these reef-residing ocean fish. This Spanish text includes a labeled image guide, glossary, and index"-- Provided by publisher.
Identifiers: LCCN 2024021892 (print) | LCCN 2024021893 (ebook) | ISBN 9798889895046 (library binding) | ISBN 9781682777152 (paperback) | ISBN 9798889895169 (ebook)
Subjects: LCSH: Clown anemonefish--Juvenile literature. | Anemonefishes--Juvenile literature. | Coral reef fishes--Juvenile literature. | CYAC: Clown anemonefish. | Anemonefishes. | Coral reef fishes.
Classification: LCC QL638.P77 R5418 2025 (print) | LCC QL638.P77 (ebook) | DDC 597/.72--dc23/eng/20240627

Impreso en China

Los peces payaso naranjas son animales del **océano**. Viven en las anémonas de mar. Son animales que se ven como plantas.

CON AMIGOS COMO ESTOS, ¿QUIÉN NECESITA ANÉMONAS? OH, ESPERA. YO LAS NECESITO.

Los peces payaso son resbaladizos. Están cubiertos de **moco**. Esto los protege de la anémona de mar que podría picarlos.

El pez payaso tiene tres rayas blancas.

Las líneas negras rodean las aletas. Las aletas ayudan a los peces a nadar.

LOS PECES PAYASO OBTIENEN SUS RAYAS CUANDO CREZCAN.

El pez payaso come los restos de comida de la anémona de mar. También comen el diminuto zooplancton.

¿HAY ALGUIEN EN CASA?

¡ALGUIEN ME ESTÁ PISANDO LA ALETA!

Un pez payaso pone huevos en una roca. Las crías del pez payaso se llaman larvas. Salen de los huevos.

Los peces payaso nadan alrededor de la anémona de mar. La mantienen limpia. Buscan alimento.

EN REALIDAD ME DAN MIEDO LOS PAYASOS.

¡Adiós, pez payaso!

[Imagina un pez payaso]

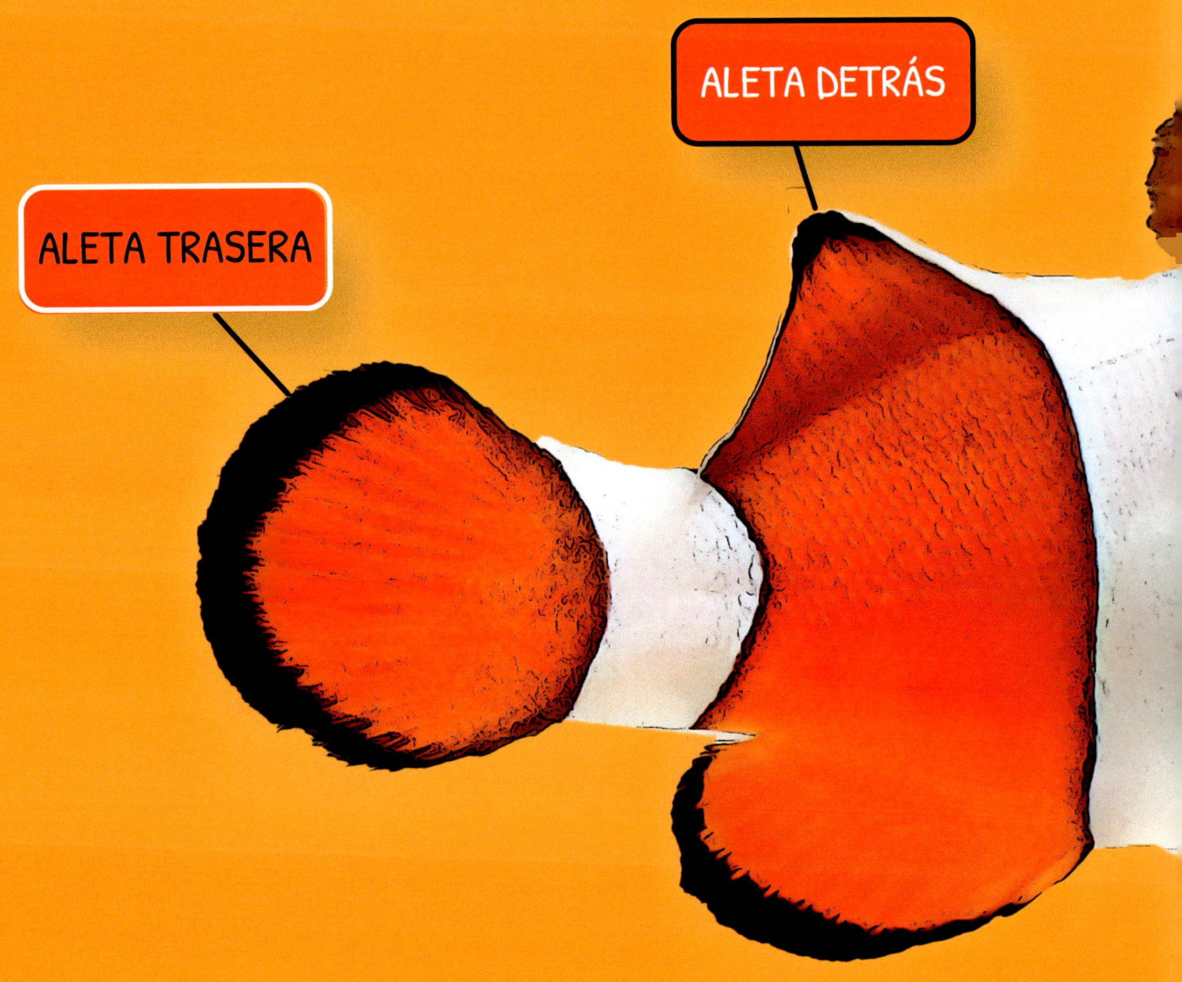

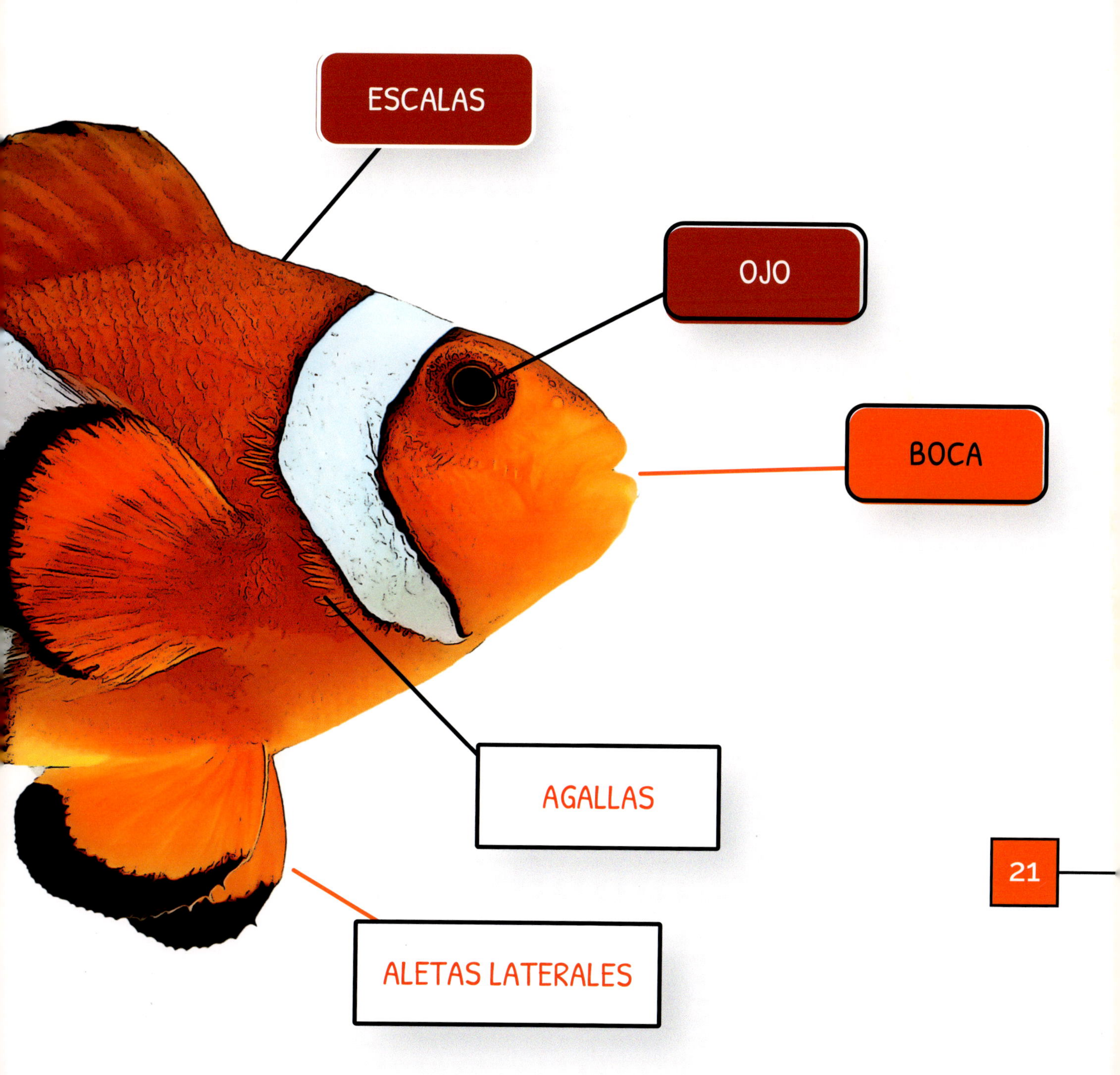
ESCALAS
OJO
BOCA
AGALLAS
ALETAS LATERALES

PALABRAS QUE DEBES CONOCER

moco: una cubierta viscosa

océano: una gran extensión de agua salada

zooplancton: pequeños animales vivos que flotan en el océano

ÍNDICE